AF343258

LE PUITS ARTÉSIEN

DE

LA GARE D'AUCH

PAR

l'Abbé D. DUPUY

SECRÉTAIRE DE LA SOCIÉTÉ D'AGRICULTURE ET D'HORTICULTURE DU GERS.

Extrait de la *Revue agricole* de décembre 1868.

AUCH

IMPRIMERIE ET LITHOGRAPHIE F. FOIX, RUE BALGUERIE.

1868

LE PUITS ARTÉSIEN

DE

LA GARE D'AUCH.

Depuis déjà plusieurs années la Compagnie des chemins de fer du Midi a commencé à Auch le forage d'un puits artésien (1). Ce travail a été entrepris avec la pensée d'avoir pour la gare du chef-lieu du département du Gers un quantité d'eau suffisante afin de pourvoir à ses besoins. Elle devient nécessaire par l'établissement de la voie ferrée d'Agen à Auch, se poursuivant d'un côté d'Auch à Tarbes et de l'autre d'Auch à Toulouse.

La pensée d'un forage artésien à Auch est déjà relativement ancienne; ainsi, dès 1844, le Conseil municipal avait voté une somme considérable pour l'établissement d'un puits qui aurait dû alimenter la ville et le quartier de cavalerie.

Une commission des fontaines avait été instituée. Elle était composée de plusieurs membres du Conseil municipal et des ingénieurs résidant au chef-lieu du département et présidée par le maire d'Auch.

Cette commission avait cherché à s'éclairer des lumières de la science et elle s'était adjoint MM. Lartet, Canéto et Dupuy.

Non contente de l'appui des savants du pays, elle avait même réclamé le secours de tous les hommes les plus éclairés dans les sciences géognostiques et de M. Constant-Prévot, professeur de géologie à la Sorbonne de Paris.

La commission, bien que les hommes de la science ne

---

(1) On a donné à ces puits le nom d'artésiens parce que les premiers qui furent ouverts sur des points ou l'on trouva l'eau à petite distance ont été creusés dans l'ancienne province de l'Artois.

pussent alors, pas plus qu'aujourd'hui, fournir des données positives sur le résultat des travaux à entreprendre, n'hésita pas, en présence de la pénurie d'eau dont la ville d'Auch était affligée, à opiner pour le forage d'un puits artésien. Le ministère de la guerre devait fournir à une part des frais à cause de l'intérêt qu'avait à la solution de cette question le quartier de cavalerie dépourvu d'eau potable comme le reste de la ville.

Malheureusement cette expérience ne put pas être faite; le conseil d'Etat ne crut pas pouvoir autoriser la ville d'Auch à faire un emprunt qui devait être consacré à une entreprise dont le résultat était aléatoire. Et cependant le département tout entier avait un très grand intérêt à une expérience dont les suites auraient été d'une importance considérable pour le pays, si la tentative eût été couronnée de succès : c'était en effet une question de facilité d'irrigation qui eût quadruplé le produit des terres que l'on aurait pu soumettre à l'action fécondante des eaux.

Le projet échoua donc, et ce ne fut qu'en 1865 que la Compagnie des chemins de fer du Midi le reprit pour son propre compte et le mit immédiatement à exécution avec l'activité qui caractérise les sociétés industrielles.

Avant de rendre compte des travaux qui ont été exécutés, il ne sera pas hors de propos d'établir sommairement la théorie des puits artésiens afin que nos lecteurs, même les plus étrangers à la science géologique, puissent saisir avec facilité tout ce que nous aurons à dire sur ce sujet.

Les eaux qui remontent (1) dans les puits artésiens sont dues à l'eau qui tombe en pluies ou en neiges sur des terrains perméables plongeant dans l'intérieur du sol sous une inclinaison plus ou moins considérable, et qui y sont maintenues entre deux couches imperméables.

Ces couches imperméables sont formées soit d'argiles pures, soient de calcaires argileux dans lesquels l'argile

---

(1) On se figure généralement que les eaux des puits artésiens sont toujours jaillissantes : c'est une erreur. Elles sont toujours remontantes, mais elles ne remontent pas toujours jusqu'au-dessus du niveau du sol. Il faut souvent aller les chercher à une certaine profondeur au moyen d'une pompe.

domine suffisamment pour ne pas permettre à l'eau de passer à travers.

Ainsi dans la fig. **1**, supposons la ligne A, B, C, D, E, **F,** indiquant la surface du sol, la couche P, P, etc., étant le sol arable.

La couche O, O, etc., étant une couche d'argile aussi, la couche N, N, etc., étant sableuse, la couche K, K, etc., étant argileuse, l'eau qui tombera sur le terrain A B et F G remplira toute la couche de sable N, N, etc., et y sera retenue entre les deux couches d'argile O O et K K.

Tant qu'il n'y aura aucune ouverture faite entre cette couche et la superficie du sol, l'eau retenue prisonnière entre les deux couches n'en pourra pas sortir. Mais si l'on vient à faire un forage au point C qui traverse les couches d'argile imperméables à l'eau, dès que ce forage arrivera dans la couche sableuse N qui est toute saturée d'eau, celle-ci obéissant à la loi qui l'oblige à chercher son niveau s'échappera par l'ouverture C et jaillira au-dessus du sol à une hauteur plus ou moins considérable selon que le point de départ des eaux A B, F G sera plus ou moins élevé au-dessus du point C où le forage aura été fait. Il en serait de même si le forage avait été fait aux points D ou E. On comprend seulement que dans ce dernier cas, comme dans le premier, le forage aura dû être bien moins profond que dans le second où l'on aura foré D.

Lorsque les forages se font on met des tubes en tôle qui ne permettent pas aux eaux de se perdre en route, par exemple, à travers des nids de gravier ou de pierraille qui seraient suffisants pour absorber ou partie ou totalité de l'eau ascendante comme, par exemple, dans la fig. **2**, S S; car rien n'empêche que ces nids de sable enfermés dans l'argile ne soient d'une étendue fort considérable.

Les tubages, lorsque les eaux partent d'un terrain très élevé au-dessus du niveau du forage, peuvent se continuer au-dessus du sol de manière à pouvoir de là faire parvenir les eaux à des niveaux élevés au-dessus du point où le forage a été fait.

Il peut arriver aussi le contraire de ce qui se produit ici.

Le point où l'on perce peut-être plus élevé que le point de départ des eaux, comme on peut le voir dans la figure 3, A B C, A' B'.

Dans ce cas, les eaux ne pourront pas être jaillissantes; elles ne monteront dans le tube du forage que jusqu'au point G, niveau du terrain qui leur sert de point de départ. Dans ce cas, on est obligé de les faire monter jusqu'à la surface du sol au moyen de pompes. Mais les terrains ne forment pas toujours des cuvettes régulières, comme nos figures l'indiquent. Ils sont souvent très tourmentés, comme on peut le voir dans la fig. 4, de telle sorte que selon le point où l'on fore aux points OO, SS, on pourra trouver des eaux près de la surface, tandis qu'elles seront très-éloignées si l'on fore aux points PP, RR.

Et rien à la surface du sol ne peut donner aucune indication pour dire quel est le point le plus convenable pour établir le forage de manière à avoir les eaux les plus rapprochées du sol.

Nous avons dans ces explications évité de nous servir soit de la connaissance technique des terrains géologiques, soit des termes techniques eux-mêmes, parce que nous n'avons pas voulu que les personnes peu versées dans la science, comme la plupart de nos lecteurs, fussent embarrassées pour comprendre ce que nous avions à leur expliquer.

Nous espérons d'ailleurs que les savants, entre les mains desquels ces pages pourront tomber, nous pardonneront d'avoir écrit pour le plus grand nombre.

Ces explications données, entrons dans le détail des opérations du forage du puits artésien de la gare d'Auch.

Le 9 novembre 1865, sur les ordres de M. SURELL, directeur général de la Compagnie des chemins de fer du Midi, sous la direction de MM. REGNAULT, ingénieur en chef, et BOUTILIER, ingénieur ordinaire de la Compagnie, M. BILLIOT, qui s'était fait à Bordeaux une réputation bien méritée pour les sondages et puits artésiens qu'il avait exécutés, se mit à l'œuvre pour les travaux du forage du puits artésien de la gare.

Laissons parler M. Billiot lui-même dans l'excellent travail qu'il a publié sur cette matière : (1)

« Le forage s'exécute de deux façons différentes suivant que l'on attaque les formations argileuses ou les formations rocheuses, et dans ces dernières nous comptons les sables qui ne sont que des roches non aglutinées. Dans le premier cas, la sonde, qui se compose d'une série de barres de fer vissées les unes sur les autres et se termine par une tarière tout à fait analogue à celle qu'emploient les charpentiers, reçoit un mouvement de rotation. Le poids considérable de la tarière et des barres de fer suffit pour obliger la sonde à pénétrer dans les formations argileuses, en général peu résistantes, surtout lorsqu'elles sont détrempées par l'eau. Lorsque la tarière a pénétré dans l'argile d'une longueur égale à sa portée, on la relève au sol, on la dégage et on la descend de nouveau dans le trou de sonde. La montée et la descente s'opèrent au moyen de treuils perfectionnés qui, par un débrayage et un frein, abrègent cette opération, toujours longue, du reste.

» Lorsque la sonde doit pénétrer dans une roche compacte, la percussion est substituée à la rotation reconnue incomplète quoiqu'elle ait été longtemps employée. La tarière est remplacée par un trépan qui a la forme, aux dimensions près, d'un burin d'ajusteur. Ce trépan étant mis en tête de la sonde, les sondeurs mettent le treuil en mouvement; la sonde est soulevée. Lorsque la hauteur est suffisante, un ouvrier qui tient un levier de débrayage abandonne à la pesanteur la sonde, qui frappe un coup et force le trépan à pénétrer dans la roche. La sonde, de nouveau soulevée, est légèrement écartée dans sa première position; elle frappe un second coup à côté du premier, et abat un fragment de la roche.

» Après un nombre suffisant de coups de ce genre, la roche broyée dans le trou de sonde doit être extraite au moyen d'un instrument nommé soupape, qui se compose d'un tube de tôle muni à la base d'un clapet s'ouvrant de bas en haut·

(1) **Puits artésiens, sondages d'études, pour ponts et canaux, recherches d'eau potable dans le Sud-Ouest de la France (Bordeaux 1868).**

Cet instrument remplace le trépan à la base de la sonde; on lui imprime un mouvement alternatif de haut en bas. Chaque fois que la sonde descend, le clapet s'ouvre et laisse entrer les débris. Chaque fois que l'instrument remonte, le poids des débris fait fermer le clapet. Lorsqu'on juge que la soupape est pleine, on la ramène au sol pour la vider et opérer un nouveau nettoyage. On comprend encore dans ce cas l'utilité de l'eau pour faciliter le battage et l'introduction des débris dans la soupape.

» Quand on travaille dans les sables, le trépan et la soupape ne font qu'un. Une lame de trépan est rivée au dessous de la soupape dont le clapet est alors remplacé par un boulet creux adapté dans une coquille. Les sables, qui présentent souvent une très-grande dureté par suite de leur tassement, sont désagrégés par le battage au trépan; dans ce mouvement de battage, ils soulèvent le boulet, s'introduisent dans le corps de la soupape, et, lorsqu'on arrête la sonde, leur poids fait fermer le boulet et l'instrument vient rapporter au sol les sables battus par le trépan et recueillis par la soupape.

» Tels sont les trois instruments fondamentaux. Il y en a bien d'autres; mais notre but n'est pas de reproduire ici la description qui en a été faite dans de nombreux ouvrages spéciaux.

» Pour terminer cette description, nous dirons que les terrains qui pourraient produire des éboulements capables d'entraver la marche de la sonde ou de compromettre la conservation du puits après son achèvement, sont retenus au moyen de forts tubages en tôle goudronnée, d'une conservation éprouvée, qui suivent l'instrument dans sa marche, au moyen d'appareils dont le détail nous entraînerait trop loin. »

Ajoutons seulement quelques mots pour compléter ce qui précède.

Lorsque la lame du trépan, qui est de deux centimètres environ moins large que l'intérieur des tubes en tôle goudronnée, a travaillé pendant un certain temps par percussion, il reste des arêtes tout autour du trou trépané.

Ces arêtes empêcheraient le tube de descendre. Afin de

les supprimer on emploie une sorte de très grand ciseau que l'on ne fait plus opérer par percussion, mais bien par rotation.

Il y a encore une seconde difficulté. Le trou ainsi percé ne serait jamais au plus que de la dimension du tube et même un peu plus petit parce que les instruments dont on se sert doivent avoir du jeu dans le tube. On emploie afin de l'agrandir au-dessous du tube inférieur un instrument en forme d'immenses pincettes, composé de deux branches qui font ressort et qui se distendent dès qu'elles sont arrivées au-dessous du tube. Là elles creusent circulairement de manière à ce que le cylindre puisse descendre. L'action inverse du ressort aide à le faire ressortir.

Lorsque les barres ajoutées bout à bout viennent à se casser, ce qui arrive de temps en temps, on se sert de plusieurs instruments pour les retirer. Le plus curieux est celui que l'on appelle la cloche. Il consiste en un tube creux et évasé en cloche allongée faisant corps avec une barre de même forme et de même dimension que celles qui portent le trépan. La partie creuse est acier très dur, forme une filière à gros pas-de-vis qui s'enfonce dans l'extrémité cassée de la barre, la taraude et parvient ainsi à la saisir assez solidement pour la faire remonter.

Les premières opérations qui conduisirent le forage à 122 m. 72 durèrent du 9 septembre 1865 au 6 novembre 1866.

Dans les premiers temps, la moyenne du forage était d'un mètre environ; mais plus tard, cette moyenne diminua de beaucoup et se réduisit à 40 centimètres environ, et dans les derniers temps elle se réduisit encore à 25 et même à 15 centimètres.

Nous parlons de la moyenne du travail effectif; car si l'on tenait compte du temps perdu pour retirer les matériaux ou pour enlever les instruments cassés, cette moyenne serait bien plus réduite encore.

La question la plus intéressante après celle de l'eau est sans contredit celle des terrains que les sondages ont traversés. Nous sommes obligés de dire que les sondes n'ont rapporté que des alternances d'argiles, de roches calcaires, de grès calcaires, de sables, de graviers et de marnes calcaires ou argileuses.

Ces alternances du terrain miocène (tertiaire moyen) se sont présentées jusqu'à présent avec une désespérante uniformité.

La reprise des travaux au mois de mai 1868 a mené le puits au 20 décembre 1868 à une profondeur de 142 mètres.

La mort de M. Biliot, survenue depuis la suspension des premiers forages, a fait différer la reprise des travaux, et ce n'est que cette année, grâce à une allocation assez considérable du conseil d'administration que les travaux ont été repris, et que M. Surrell a ordonné la reprise, sous la direction de M. Reignault et la sous-direction de M. Roques, chargés de la construction, le premier d'Auch à Tarbes, le second d'Auch à Mirande.

Cette fois une locomobile à vapeur a été installée pour accélérer le travail qui, en 1865 et 1866, s'était fait à bras d'homme. Mais, comme nous l'avons déjà dit, les couches traversées sont toujours les mêmes et le terrain de la craie (terrain secondaire supérieur) qui donnerait plus d'espérances de réussite semble toujours se dérober sous la sonde.

Au point de vue de l'eau, le résultat, sans être encore tout ce que l'on peut souhaiter, est néanmoins de nature à faire espérer sous peu une quantité plus considérable de cette eau si ardemment désirée.

A 141 mètres, l'atelier du forage a été tout à coup inondé et l'on a pu bientôt constater que le débit de cette eau jaillissante à la surface du sol (quoiqu'on ne sache pas encore à quelle hauteur elle pourra s'élever) était de un mètre cube par heure ou 24 mètres cubes par jour. C'est encore incontestablement insuffisant, mais c'est déjà une espérance et presque une assurance d'avenir.

Cette espérance paraît d'autant plus fondée qu'un trépan est engagé dans le fond du forage et met probablement obstacle à l'ascension de l'eau.

Il semble en outre certain que l'eau n'arrive que par infiltration, car la roche que l'on perce en ce moment est une roche calcaire, et l'eau entraîne avec elle un sable d'une extrême ténuité mêlé avec la boue produite par l'écrasement de la roche calcaire; d'où l'on doit conclure que l'eau entraîne ce sable siliceux à travers les fissures qui lui livrent passage. Elle sera probablement beaucoup plus abondante, dès qu'on aura atteint la couche sableuse qui renferme la nappe d'eau fournissant celle qui s'échappe aujourd'hui malgré les obstacles.

Le forage du puits artésien par la Compagnie du Midi est un fait qui peut avoir les conséquences les plus heureuses soit pour la ville d'Auch, soit surtout pour le département et même pour les particuliers.

Je dis d'abord pour la ville d'Auch, car on ne doit pas oublier que, malgré les travaux qui ont été si heureusement exécutés pour doter la ville de plus de trente bornes-fontaines, l'eau n'était pas abondante au mois de septembre et d'octobre derniers.

Si donc le puits artésien parvient à donner une quantité d'eau plus que suffisante aux besoins de la gare, et que l'eau puisse monter à une hauteur considérable, rien n'empêcherait que la ville d'Auch ne demandât à la Compagnie la cession du superflu de son eau. Le puits artésien de la gare peut donc devenir une véritable bonne fortune pour la ville.

Quant au département, il peut y avoir un intérêt immense dans le cas où l'eau très abondante pourrait devenir suffisante pour alimenter des canaux d'irrigation à établir dans nos vallées et même sur nos coteaux.

En face d'éventualités qui peuvent offrir tant d'avantages, ne serait-il pas convenable que la ville d'Auch, représentée par son maire et son conseil municipal, et que le département, représenté par le préfet et le conseil général, prissent une initiative louable pour s'associer de leurs vœux et, au besoin, de quelque chose de plus, à l'œuvre entreprise par le savant et habile directeur de la Compagnie des chemins de fer du Midi.

Sans doute, c'est dans l'intérêt de la Compagnie que le forage du puits artésien a été entrepris; mais du moment qu'il peut en résulter de si grands avantages pour le pays, j'estime que le pays doit s'associer au moins par l'expression de ses sympathies à une œuvre si éminemment utile.

C'est ce que font en ce moment, j'en suis bien persuadé, tous mes collègues de la Société départementale d'agriculture et d'horticulture du Gers.

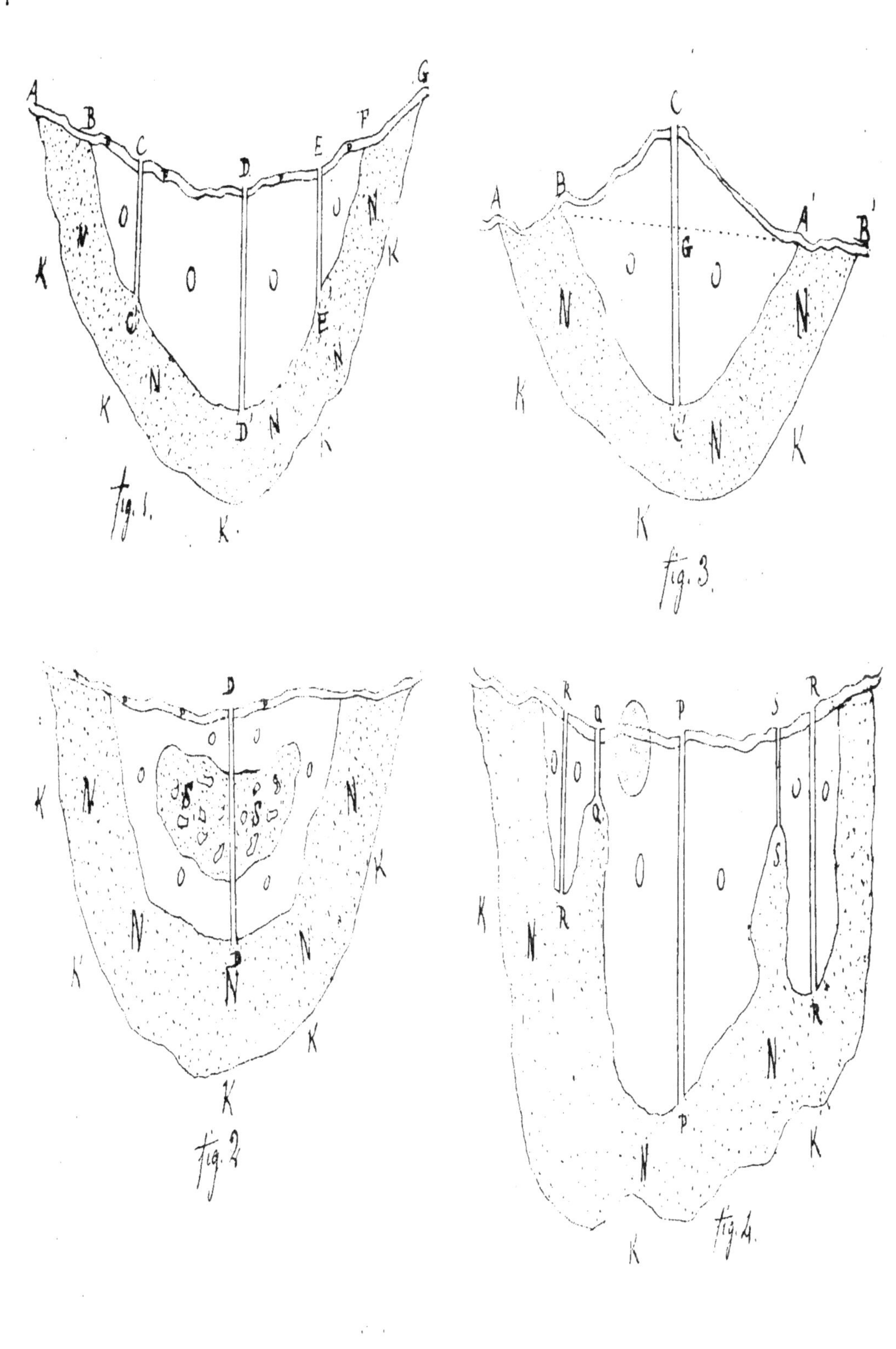

A B C D E F G
K N O O N K
C N O O N E
K N N N K
D N
K
fig.1.
A B C A B
N O G O N
K N O C N K
K N
K
fig.3.
D
K N O O O N
K O S S O K
N N N
K N N
K N
K
fig.2.
R Q P S R
O O O S O O
K N R O O R
N R
P
N K
K
fig.4.